AF468877

LETTRE

SUR

LA TÉLÉGRAPHIE

ÉLECTRIQUE

[illegible]ROS (J.-B. Louis)

(OUVRAGE ORNÉ DE FIGURES)

« Mais comment peut-on correspondre ainsi au moyen d'un fil de fer ?... Comment une dépêche passe-t-elle sur ce fil ?... »

M. [illegible]

PARIS
TYPOGRAPHIE DE CH. LAHURE
IMPRIMEUR DU SÉNAT ET DE LA COUR DE CASSATION
rue de Vaugirard,

1856

LETTRE
SUR
LA TÉLÉGRAPHIE
ÉLECTRIQUE

PAR

LE BARON GROS (J. B. LOUIS)

OUVRAGE ORNÉ DE FIGURES

« . . . .
Mais comment peut-on correspondre ainsi au moyen d'un fil de fer?... Comment une dépêche passe-t-elle sur ce fil?... »
M. C.

PARIS
TYPOGRAPHIE DE CH. LAHURE
IMPRIMEUR DU SÉNAT ET DE LA COUR DE CASSATION
rue de Vaugirard, 9

1856

V

40828

QUELQUES MOTS AVANT LA LETTRE.

Mars 1856.

La lettre qui suit a été écrite à Bayonne dans les derniers jours du mois d'août. Elle répondait à une autre lettre de Paris, dans laquelle se trouvait le passage suivant, relatif à la télégraphie électrique : . . . . « Ne trouvez-vous pas, comme moi, que c'est la plus admirable découverte des temps modernes ?... Mais comment peut-on correspondre ainsi au moyen d'un fil de fer ?... Comment une dépêche passe-t-elle sur ce fil ? Dites-le-moi, vous devez le savoir, et vous me feriez plaisir si vous vouliez m'expliquer ce phénomène, en laissant de côté les *théories*, la *science*, les x et les y. Parlez-moi d'électricité le plus simplement du monde, et ne faites pas jaillir trop d'étincelles ; car, sans vouloir faire ici un mauvais jeu de mots, je n'y verrais que du feu : vous savez bien qu'en fait d'électricité, je suis de la force de cette bonne femme qui, au moment où une dépêche allait être expédiée par l'agent de la station dans laquelle elle se trouvait, sortit bien vite pour regarder le fil de fer et voir si la dépêche passait avec cette inconcevable rapidité dont on lui avait souvent parlé, sans qu'elle eût voulu jamais y croire ! »

La réponse qui a été faite à la lettre de Bayonne contenait quelques paroles obligeantes, et le conseil *pressant* de rendre publiques les explications qu'elle donnait sur la télégraphie électrique.

« . . . . . . Vous ferez connaître facilement ainsi aux personnes qui aiment les sciences sans les avoir étudiées, les principes sur lesquels repose la télégraphie électrique. N'ont-elles pas mille fois demandé, sans obtenir une réponse satisfaisante, comment une dépêche était transmise d'un bout à l'autre de ces fils de métal que l'on voit tendus sur des poteaux le long de nos chemins de fer ?... »

C'est à ce conseil que l'on se rend aujourd'hui en publiant une lettre qui n'était pas destinée à l'impression. Puisse-t-elle servir à faire comprendre à quelques personnes le mécanisme de la télégraphie, et faire naître chez elles le désir d'étudier dans les ouvrages scientifiques qui ont été publiés sur l'une des plus utiles applications des phénomènes électriques, les ingénieux appareils qui servent aujourd'hui à transmettre d'un bout de la terre à l'autre, et avec la rapidité de la pensée, les communications que peuvent nécessiter les plus simples événements de la vie privée, ou les graves intérêts auxquels se rattachent les destinées des nations.

LETTRE

SUR LA

TÉLÉGRAPHIE ÉLECTRIQUE.

Mars 1856.

Vous avez bien raison, madame, la télégraphie électrique est assurément la plus admirable découverte des temps modernes ; elle réalise en quelque sorte l'une de ces merveilles que l'imagination superstitieuse de nos aïeux n'aurait pu attribuer qu'à la puissance d'êtres surnaturels descendus des régions les plus élevées ou évoqués de l'abîme.

Deux amis, séparés par une distance de plusieurs milliers de lieues, peuvent se communiquer *instantanément* leur pensée, comme s'ils se trouvaient réunis pour se confier leurs joies ou leurs chagrins.

Il ne faut pour cela qu'un mince fil de métal étendu sans interruption dans l'espace qui les sépare et qui n'existera pas pour leur *parole écrite;* et, lorsque la pensée de l'un ou de l'autre sera confiée, pour ainsi dire, à l'une des extrémités du fil conducteur qui les unit, elle sera instantanément reçue à l'autre extrémité du même fil!

C'est le fluide électrique qui emporte ainsi la pensée, en lui donnant un corps, et en pouvant lui faire franchir, en moins d'une seconde, une distance de plus de vingt mille lieues!

Tel est, madame, l'admirable phénomène que vous me demandez de vous décrire, et dont vous voulez que je vous parle en laissant de côté les *théories*, les x et les y... La tâche est difficile, et j'aurai besoin d'indulgence, car il faudra que je reproduise bien souvent les mêmes expressions, et peut-être aussi les mêmes phrases, afin d'exposer le plus simplement et le plus clairement possible les *faits* que vous voulez connaître.

J'entre donc en matière, et, sans remonter à la découverte de l'électricité, ce qui serait m'écarter des prescriptions qui m'ont été faites, je vais vous dire en peu de mots comment on développe le merveilleux fluide destiné à être lancé à volonté sur le fil métallique conducteur, pour aller reproduire, instantanément, à l'autre bout du monde cette parole écrite dont je viens de vous parler!

L'électricité dégagée par la pile de *Volta*, pile modifiée par *Daniell*, *Grove*, *Bunsen* et d'autres physiciens célèbres, est celle que l'on emploie comme agent télégraphique, parce qu'elle est sans *tension*, c'est-à-dire parce qu'elle n'abandonne pas le fil conducteur sur lequel elle circule, parce qu'elle ne *tend* pas à s'en échapper; c'est celle aussi qui produit les phénomènes remarquables de lumière, de combustion, et surtout de décompositions chimiques qui ont fait faire à la science des progrès si rapides depuis un demi-siècle.

Si l'on verse dans un vase de verre, de faïence ou de porcelaine, qui sont des corps isolants, c'est-à-dire qui ne permettent pas à l'électricité de passer à travers leur substance ou sur leur surface, une certaine quantité d'eau légèrement acidulée par de l'acide sulfurique, ou, ce qui est plus commode, si l'on remplit ce vase avec du sable humecté par la même eau acidulée, et si l'on plonge dans ce sable ou dans cette eau une plaque de cuivre et une plaque de zinc, disposées parallèlement, sans qu'elles se touchent (fig. 1), aucun phénomène ne se produira; mais si l'on fait communiquer les deux plaques l'une à l'autre au moyen d'un fil de métal placé en dehors du sable ou du liquide (fig. 2), un courant électrique s'établira immédiatement en passant du zinc au cuivre à travers le sable ou l'eau acidulée, et du cuivre au zinc par le fil qui unit ces deux métaux ; puis le courant se portera de nouveau du zinc au cuivre, comme il l'a déjà fait, et continuera à parcourir le même circuit, tant que la communication ne sera pas interrompue; mais il cessera immédiatement de se manifester sur toute la ligne, au moment où, sur un point quelconque de sa longueur, le fil métallique sera coupé ou disjoint de manière à présenter une solution de continuité.

L'extrémité de la plaque de cuivre et celle de la plaque de zinc qui ne plongent pas dans le liquide acidulé, ont reçu le nom de *pôles.* Le cuivre et le fil de métal qui y adhère, quelle que soit sa longueur, forment ensemble le pôle positif de la pile, le zinc et le conducteur métallique qu'on y a attaché portent le nom de pôle négatif. D'où il est facile de conclure que, pour que l'électricité circule dans une pile, il faut que l'un de ses pôles soit nécessairement mis en communication avec l'autre.

La présence du courant électrique sera constatée par l'apparition de nombreuses bulles d'air qui se dégageront sur les deux plaques pour venir disparaître à la surface du liquide. Ces bulles proviendront de la décomposition de l'eau par l'électricité, qui, en séparant les deux gaz dont elle est formée, transportera l'un de ces gaz sur la plaque de cuivre et l'autre sur celle de zinc.

Tel est l'appareil que l'on nomme une *pile*, et c'est la plus simple de toutes. Ce n'est pas cependant celle que l'on emploie ordinairement dans les stations télégraphiques, parce qu'elle n'est pas assez constante dans ses effets, et que l'électricité qu'elle dégage n'a pas assez d'intensité. Si je la cite donc ici, c'est parce que le principe de toutes les piles y est plus facilement aperçu que dans les autres, et qu'elle en est toujours la base.

Il est essentiel maintenant de vous faire connaître une modification qui peut être apportée à cette pile sans en altérer les propriétés, et c'est la nouvelle disposition dont je vais vous parler, qui vous fera comprendre facilement comment un courant électrique s'établit et circule sur les lignes de fils métalliques isolés qui conduisent le fluide d'une station à l'autre, sur ces fils de fer qui bordent nos voies ferrées.

Supposons qu'au lieu de réunir par un fil conducteur la plaque de cuivre à la plaque de zinc, comme on l'a fait pour la première pile, on soude un long fil de métal à la partie supérieure de chacune de ces plaques, et qu'au lieu de réunir ensemble ces deux fils au-dessus du liquide, ce qui constituerait l'appareil déjà décrit, on enfonce l'extrémité de chacun de ces fils dans la terre du côté de la plaque à laquelle il adhère (fig. 3). Quelle que soit la distance qui sépare, *dans le sol*, l'extrémité de ces deux fils, le courant électrique se produira aussitôt; il passera toujours du zinc au cuivre à travers le liquide, comme dans la première pile, puis de cette plaque de cuivre, et par le fil qui y tient, il plongera dans la terre, et comme la terre conduit ou laisse circuler l'électricité, le courant se dirigera *à travers le sol* pour passer du fil, adhérant au cuivre, à celui qui tient au zinc, et remontant par celui-ci dans la plaque de zinc, il reviendra encore à travers l'eau acidulée sur la plaque de cuivre, pour continuer ainsi à parcourir ce circuit tant qu'il n'existera aucune solution de continuité dans les conducteurs qui le forment.

Je dois vous dire ici que, pour faciliter le passage du courant électrique à travers la terre, on soude à l'extrémité de chacun des fils de la pile une plaque métallique assez grande que l'on plonge dans le sol avec le fil qu'elle termine (fig. 3). L'expérience ne laisse aucun doute sur l'efficacité de ce moyen.

Le fil métallique qui adhère à chacun des *pôles* de la pile, et qui ordinairement est en cuivre rouge, n'a d'autre longueur que celle qui est nécessaire pour faire communiquer cette pile avec les appareils destinés à transmettre les dépêches; mais il est évident que, lorsque l'un de ces fils sera mis en contact avec le fil conducteur qui se rend d'une station à l'autre, ils ne formeront ensemble qu'un seul et même fil, continuant le pôle de la pile auquel ils tiennent, et que, tant que le contact existera entre eux, le fil de fer conducteur ne sera plus que le prolongement du fil de cuivre qui est soudé au pôle de cette pile.

La plaque de cuivre porte le nom de pôle positif; celle de zinc, celui de pôle négatif, et le courant électrique, lorsqu'il circule, *sort toujours* de la pile par le pôle positif (fig. 2 et 3), pour y rentrer par le pôle négatif.

Il résulte de ce principe, ou pour mieux dire de cette loi, que le courant électrique parcourt le fil conducteur dans un sens ou dans un autre, en raison du pôle de la pile auquel on fait communiquer l'une de ses extrémités; ainsi, par exemple, si le fil métallique qui réunit *Bayonne* à Paris est mis en contact avec le pôle positif de la pile qui se trouve à Bayonne, le courant électrique (fig. 4), sortant toujours par le pôle positif, se rendra à Paris par le fil conducteur, et, arrivé à Paris, il y plongera dans la terre pour revenir par cette voie jusqu'à Bayonne, et y rentrer dans la pile par le pôle négatif; mais, si au contraire le fil conducteur est mis en contact avec le pôle négatif (fig. 5), le courant, sortant *toujours* par le pôle positif, qui plongera alors en terre, ce sera par cette voie qu'il se rendra à Paris, où il remontera sur le fil pour revenir à Bayonne, et y rentrer dans la pile par le pôle négatif. Dans le premier cas, le courant électrique passera *sur le fil* pour aller de Bayonne à Paris; et, dans le second, il passera sur ce même fil pour revenir de Paris à Bayonne; mais ce sera toujours en passant *sous le sol* qu'il complétera le circuit.

Il va sans dire que, lorsque dans une pile on fait communiquer l'un de ses pôles avec le fil conducteur, l'autre pôle doit être mis en contact avec la terre (fig. 4); car, pour que l'électricité se manifeste, il faut toujours qu'elle puisse revenir au lieu d'où elle était partie, il faut qu'elle puisse circuler.

Il existe mille moyens d'établir et de rompre la communication électrique entre les pôles de la pile et le fil destiné à en devenir la prolongation, puisque le simple contact de ce fil avec l'un de ces pôles suffit pour que le courant s'établisse, si la circulation est libre. Il est donc facile de concevoir qu'une petite tige de métal, tenant par une charnière au pôle ou au fil métallique de la pile, puisse, en étant abaissée, venir toucher le fil conducteur isolé et établir ainsi la communication électrique, et que la même petite tige puisse aussi être relevée pour rompre le contact; or, un mécanisme construit sur ce principe existe dans tout appareil destiné à transmettre les dépêches, puisque c'est le passage de l'électricité ou son *interceptation* dans cet appareil qui permet aux signaux télégraphiques d'aller se reproduire à l'autre extrémité du fil conducteur.

La longueur de ce fil n'a aucune influence sur le phénomène, et, soit qu'elle se mesure par quelques mètres seulement, soit qu'elle fasse plusieurs fois le tour du globe, l'effet produit par l'électricité sur ces deux lignes sera instantané, si son intensité, sa force si l'on veut, est proportionnelle à la distance à parcourir.

Ces faits, ou ces principes élémentaires, sont la base de toute la télégraphie électrique. Ils en donnent parfaitement la clef, puisque au moyen d'appareils faciles à concevoir, et disposés d'une manière convenable, l'électricité, en les traversant ou en cessant d'y passer, y produit, *à toute distance*, des effets mécaniques, et, par conséquent, des signes qui peuvent représenter des lettres, des chiffres ou des phrases.

On peut donc, en étant à Bayonne, par exemple, dégager de l'électricité à Paris, l'y faire paraître et disparaître instantanément, et lui imprimer une marche dans un sens ou dans un autre, c'est-à-dire la *jeter* de Bayonne à Paris par le fil conducteur, ou la faire circuler de Paris à Bayonne par ce même fil; tout le système de la télégraphie repose sur ce phénomène.

Il faut maintenant, avant d'entrer dans quelques détails sur ces effets mécaniques que l'on peut produire ainsi à l'autre extrémité de toute ligne métallique isolée, quelle que soit son étendue, vous indiquer quels sont les *outils* télégraphiques (veuillez me passer ce mot) qu'il est indispensable d'avoir dans chaque station où l'on veut que les dépêches puissent être reçues, et d'où il faut qu'il soit possible d'en transmettre.

En premier lieu, un fil métallique conducteur, et par conséquent *isolé*, doit relier cette station avec toutes celles qui sont destinées à correspondre avec elle. Ce fil est ordinairement en fer recouvert d'une couche de zinc, s'il doit traverser l'atmosphère, et il est en cuivre quand il faut qu'il soit posé au fond des mers ou dans le sol. Dans tous les cas, il doit être isolé autant que possible, c'est-à-dire qu'il ne doit communiquer avec la terre qu'au moyen d'attaches ou de supports dont la substance ne permet pas à l'électricité de passer, propriété que possèdent essentiellement le verre, les résines, le soufre, la porcelaine, la soie, etc. : si le fil est plongé dans l'eau ou dans la terre, il sera enveloppé, dans toute sa longueur, d'une couche épaisse de gutta-percha, matière éminemment isolante et imperméable.

Il y aura aussi, dans chaque station, un appareil destiné à envoyer les dépêches que l'on voudra transmettre, un *transmetteur*, si je puis me servir de ce mot, et un autre appareil que j'appellerai un *récepteur* puisqu'il servira à les recevoir; puis, adhérant au récepteur, il faudra un petit timbre qui sera mis en mouvement par les autres stations lorsqu'elles auront à prévenir celle d'arrivée, qu'une dépêche va lui être envoyée; et enfin, une pile destinée à produire l'électricité dont on pourra avoir besoin. Mais comme une pile simple ne dégage pas assez de fluide pour surmonter la résistance que les fils conducteurs opposent à son passage, on réunit un certain nombre de piles, 2, 3, 10, 20, ou plus s'il le faut, et on les dispose de manière à former une *batterie* énergique, qui puisse fournir une quantité d'électricité proportionnelle à la distance que la dépêche devra franchir (fig. 6).

Voyons maintenant quels sont les effets mécaniques que l'on peut produire, instantanément, à toute distance, par le passage, direct, renversé, ou interrompu, de l'électricité à travers les appareils dont je viens de vous parler ! Les voici ; ou du moins, voici les *trois* principaux qui, jusqu'à présent, ont été employés avec succès.

Le premier est la déviation d'une aiguille aimantée qui abandonne sa position normale pour prendre une direction perpendiculaire à la première, lorsque l'électricité d'une pile circule autour d'elle ; déviation qui a lieu à droite ou à gauche de la position normale de l'aiguille, en raison de la *route* que l'on fait suivre à l'électricité envoyée autour d'elle, soit que le fluide y arrive par le côté du pôle sud ou par celui du pôle nord ; soit qu'elle circule en passant d'abord au-*dessous* de l'aiguille, soit au contraire qu'elle commence par passer au-*dessus* d'elle.

Le second est la puissance magnétique que l'on peut donner instantanément à un morceau de fer inerte, et la facilité extrême avec laquelle on peut aussi la lui enlever, pour la lui rendre ensuite, en faisant circuler autour de lui le courant d'une pile électrique, ou en l'interrompant.

Le troisième, enfin, est la décomposition chimique de certaines substances, produite par l'électricité, partout où elle peut les atteindre dans des conditions données.

Tous les appareils de télégraphie électrique, destinés à transmettre les dépêches, ayant pour base l'une de ces trois propriétés de l'électricité, il est indispensable de vous les faire connaître en vous exposant *simplement* les faits ; ne le voulez-vous pas ainsi ?

Lorsqu'un fil de métal non magnétique, un fil de cuivre, par exemple, est placé de manière à entourer, mais sans la toucher et parallèlement à sa longueur, une aiguille aimantée posée sur un pivot, et orientée nord et sud, aucun phénomène ne se produit sur cette aiguille (fig. 7) ; mais, si l'on fait passer dans ce fil de cuivre le courant électrique d'une pile, l'aiguille aimantée abandonne immédiatement sa direction nord et sud pour prendre celle ouest et est, ou est et ouest, qui, l'une et l'autre, coupent la première à angles droits (fig. 8) ; et, au moment où ce même courant sera interrompu, l'aiguille reprendra sa position normale, et la conservera tant qu'un nouveau courant ne viendra pas la faire dévier encore.

Il est donc évident que, si un opérateur se trouve à Bayonne, et si à l'autre extrémité du fil métallique qui va jusqu'à Paris, en suivant les lignes du chemin de fer, il existe une aiguille aimantée entourée parallèlement à sa longueur, par le prolongement de ce fil, l'opérateur de Bayonne, en *jetant* le courant de sa pile sur le fil conducteur, imprimera à l'aiguille de Paris un mouvement violent qui, interrompu ou renouvelé à de courts ou à de longs intervalles, pourra servir à produire les signes d'un alphabet télégraphique convenu d'avance; ainsi une seule déviation de l'aiguille vers la droite pourra représenter un *a*; deux mouvements à gauche, un *b*; une déviation à droite et une à gauche, un *c*, et ainsi de suite.

Ce mécanisme est employé en Angleterre sous le nom de télégraphe à aiguilles. Ce télégraphe se compose de deux aiguilles placées sur le même cadran, mais indépendantes l'une de l'autre et chacune ayant son fil conducteur et son appareil particulier. C'est la déviation des deux aiguilles et la combinaison de leurs mouvements qui forment un alphabet assez étendu pour tous les besoins du service, car vous savez déjà que la direction de chaque aiguille aimantée peut avoir lieu, à *volonté*, à l'ouest ou à l'est de la ligne normale, c'est-à-dire à droite ou à gauche du nord, ou, mieux encore, à droite ou à gauche de la perpendiculaire, si, après avoir attaché un léger poids au pôle sud de l'aiguille, on la suspend par son axe de manière que le nord soit en haut et le sud soit en bas; et c'est ainsi qu'on la place ordinairement pour rendre l'appareil plus commode. Il suffit pour amener l'une ou l'autre de ces deux déviations que l'opérateur, qui se trouve à l'autre bout de la ligne, fasse communiquer l'extrémité de son fil conducteur ou à l'un ou à l'autre des pôles de la pile!

Si le courant qui sort du pôle positif passe au-*dessus* de l'aiguille aimantée en allant du sud au nord de cette aiguille, ce sera son pôle nord qui se portera vers l'ouest; si ce même courant passe au contraire du nord au sud, le nord de l'aiguille se déviera vers l'est; enfin, ces deux mouvements se produiront en sens inverse lorsque le même courant passera au-*dessous* de l'aiguille aimantée au lieu de passer au-dessus.

Je vous ai dit qu'un morceau de fer doux parfaitement inerte pouvait, au moyen de l'électricité, acquérir instantanément une puissance magnétique assez considérable. Il suffit pour cela de faire circuler un courant électrique autour de lui, mais sans que ce courant touche le fer. Si au lieu d'une aiguille aimantée c'est un morceau de fer doux qui se trouve enveloppé par l'extrémité du fil conducteur qui relie une station à l'autre, et si auprès de ce fer doux il existe une petite barre de fer mobile sur un pivot, et maintenue dans une position normale par un faible ressort (fig. 9), aucun phénomène ne se produira tant que l'agent télégraphique placé à la station de départ ne réunira pas au pôle positif de sa pile l'extrémité du fil conducteur; mais, au moment où il fera communiquer ce fil à sa pile , le courant électrique passera autour du fer doux situé à la station d'arrivée, et instantanément ce fer inerte deviendra un aimant, dont l'attraction, plus forte que la résistance du petit ressort, l'emportera sur elle et forcera la tige de fer mobile à venir se réunir à lui (fig. 10). Cette tige de fer placée à la station d'arrivée sera donc mise en mouvement ou rendue au repos par l'agent de la station de départ, chaque fois qu'il le jugera à propos, et, si un timbre est disposé à la station d'arrivée de manière à être frappé par la tige de fer mobile, lorsqu'elle sera mise en mouvement, l'opérateur à Bayonne pourra faire sonner instantanément, quand il le voudra, le timbre de Paris ; mais, au moment où cet opérateur rompra le contact de la pile avec le fil conducteur, le fer doux, ne recevant plus d'électricité autour de lui, perdra immédiatement sa puissance magnétique, et le petit ressort, agissant sans obstacle, ramènera la tringle mobile de fer dans sa position normale.

Ce fait constitue à lui seul un autre système complet de télégraphie, mais il est trop restreint dans ses résultats pour être mis en pratique.

Ce morceau de fer doux, qui devient instantanément un aimant lorsqu'un courant électrique l'enveloppe sans le toucher, porte le nom d'*électro-aimant,* et joue un rôle essentiel dans la télégraphie électrique : il est donc à propos de vous le faire connaître.

Vous venez de voir que si un fil conducteur entoure, sans le toucher, un morceau de fer doux, un cylindre, par exemple, ce fer devient immédiatement magnétique lorsqu'un courant électrique circule dans ce fil; mais si au lieu de ne passer qu'*une* seule fois autour du cylindre de fer doux, ce fil l'enveloppe de dix, de vingt, ou de mille de ses replis, auxquels il faut donner toujours la même direction, la puissance magnétique que le cylindre acquiert alors, par le courant électrique, devient dix, vingt ou mille fois plus forte qu'elle ne l'était en premier lieu. Il faut donc, pour donner une grande puissance magnétique au cylindre de fer, l'entourer d'un nombre considérable de spirales, qui doivent être *isolées* les unes des autres, ce que l'on obtient en recouvrant le fil mince métallique d'un fil de soie qui en *cache* absolument la surface, et qui empêche ainsi tout contact métallique dans toute la longueur du fil. Le cylindre de fer doux, enveloppé par les innombrables replis du fil de métal recouvert de soie, ressemblera à l'une de ces *bobines* sur lesquelles on enroule les cordes de piano, et il prend effectivement le même nom; il devient la *bobine* de l'appareil (fig. 11). Les deux extrémités de ce fil métallique recouvert de soie, et qui a souvent plusieurs milliers de mètres de longueur, sont libres et peuvent, par conséquent, être mises en communication avec les pôles d'une pile; mais à peine cette communication est-elle établie que le courant électrique circule dans toute la longueur de cet immense fil de métal, et enveloppe de mille circuits le cylindre de fer doux qu'il transforme instantanément en un aimant dont la puissance est en raison de l'intensité du courant électrique qui la fait naître et du nombre de spirales qu'il forme autour de lui; puis, à l'instant où le courant cesse de passer, le cylindre de fer perd ses qualités magnétiques et redevient aussi inerte qu'il l'était auparavant. Il faut que vous sachiez aussi qu'un phénomène inverse se produit si on change les conditions dont je viens de vous parler; nous venons de voir un courant électrique *aimanter* un morceau de fer doux, nous allons voir, au contraire, un *aimant* permanent produire un courant *électrique*.

Si l'on approche un aimant ordinaire du cylindre de fer inerte entouré par les replis du fil métallique isolé, un courant électrique se produit instantanément dans toute la longueur de ce fil, si ses deux extrémités sont en contact, ou, ce qui revient au même, si elles plongent en terre, si le *circuit* est formé (fig. 12). Il se passe alors un phénomène bien remarquable : le courant électrique qui s'établit lorsque l'aimant *s'approche* du fer doux, *cesse* instantanément d'exister, et ne se reproduit, *mais en sens inverse*, qu'au moment où l'aimant *s'éloigne* de ce fer. Ainsi donc, si par un mouvement rapide de va-et-vient, on approche et on éloigne alternativement un aimant permanent du fer doux qui forme le noyau de la bobine, on produit dans le fil conducteur de cette bobine une série de courants électriques alternativement *directs* et *inverses ;* or, ce mouvement de va-et-vient peut être facilement transformé en un mouvement continu de rotation, et, comme on peut toujours à volonté renverser un courant électrique, quelle que soit sa direction, c'est-à-dire le faire passer de droite à gauche, alors qu'il circule de gauche à droite, et *vice versa*, on dispose un appareil de telle sorte qu'un mouvement rapide de rotation donné à un aimant placé très-près d'une bobine métallique, développe alternativement les deux courants, et que, tandis que le courant direct conserve toujours sa marche normale, le courant inverse est *renversé*, au moment où il se produit, et devient ainsi un courant direct comme le premier. On aura donc, par ce moyen, *une suite de courants directs*, développés sans doute l'un après l'autre, mais qui se succéderont avec une telle rapidité que, pratiquement parlant, il n'existera pas d'interruption entre eux, et qu'ils formeront ainsi une source d'électricité coulant à pleins bords dans la même direction.

Tel est l'appareil dont vous avez entendu parler sous le nom de machine électro-magnétique, et qui sert à développer, au moyen de ses bobines tournantes, et sans avoir recours aux piles voltaïques, un courant électrique d'une assez grande intensité.

Le troisième effet produit par l'électricité et dont on se sert pour la télégraphie, consiste dans la propriété que possède ce fluide de décomposer certaines substances inorganiques, lorsqu'il les atteint dans des conditions données. Il ne faut pas oublier que l'opérateur qui réside à Bayonne peut, à volonté, développer instantanément de l'électricité à Paris, et y produire, avec elle et par elle, des mouvements mécaniques assez puissants. Eh bien ! admettons qu'au lieu d'une aiguille aimantée que le courant électrique fait dévier à droite ou à gauche de sa position normale, ou qu'à la place d'un morceau de fer doux qui, devenant instantanément un aimant et perdant instantanément aussi ses propriétés magnétiques, attire à lui ou laisse s'éloigner de lui une tige de fer, mise ainsi en mouvement, on ait un appareil composé d'un petit levier portant à l'une de ses extrémités une pointe d'acier placée très-près, mais sans la toucher, d'une longue bande de papier, qui, au moyen d'un mouvement d'horlogerie, se déroulera lentement entre cette pointe d'acier, qui ne la touche pas, et un petit cylindre tournant sur lequel elle s'appuie (fig. 13); n'oublions pas que l'opérateur à Bayonne peut, à volonté, mettre en mouvement, à Paris, cette petite pointe d'acier, et par conséquent l'abaisser sur ce ruban de papier de manière à l'appuyer sur lui (fig. 14), et qu'il peut aussi la relever ensuite pour rompre le contact; or, ce papier est imprégné de *prussiate de potasse*, substance que l'électricité décompose en la touchant, l'appareil est disposé de manière que l'électricité ne puisse arriver sur ce papier que par la pointe d'acier lorsqu'elle se pose sur lui; mais à cet instant son contact décompose le prussiate, sous la pointe elle-même, la potasse est abandonnée par l'acide prussique, et cet acide, devenu libre, se combine avec la pointe d'acier pour former instantanément du bleu de Prusse, qui imprime une marque sur le ruban ! N'est-ce pas merveilleux ?

Si la pointe électrisée ne fait que toucher le papier, pour se relever et l'abandonner aussitôt, elle n'y laisse qu'un seul point; mais si elle est appuyée légèrement sur le papier pendant qu'il avance sous elle en se déroulant, elle y trace une ligne bleue dont la longueur est

[library stamp]

en raison de la durée de son contact sur le papier, et nous avons vu que la durée de ce contact dépendait à son tour de la volonté de la personne qui transmettait la dépêche à la station de départ.

L'agent télégraphique de Bayonne peut donc *dessiner* à Paris, et sur une bande de papier préparée à cet effet, une série de signes formés par la combinaison de points et de traits composant un alphabet, un point seul, ., par exemple, peut bien représenter un *a*, un point et un trait ·— un *b*, un trait et un point —· un *c*, un point, un trait et un point ·—· un *d*, etc., et il va sans dire que, dans ces signes conventionnels, les plus simples sont ceux qui doivent être choisis pour représenter les lettres dont l'usage est le plus fréquent, et qu'on laisse se produire un long espace blanc entre chaque groupe de signes représentant une lettre, pour que ces signes ne se confondent pas entre eux, comme par exemple :

═, ·—· ·— —· etc.

Tels sont les principaux effets produits par le passage du courant électrique, et que l'on a mis à profit dans la plupart des appareils employés à la transmission des dépêches.

En Angleterre, c'est le télégraphe à aiguilles qui est, je crois, le plus généralement employé; en France on se sert, comme alphabet, des anciens signaux télégraphiques aériens légèrement modifiés; en Amérique, c'est l'appareil de *Morse* qui est adopté. Il est identique à celui que je viens de vous décrire, avec cette différence cependant que la pointe d'acier qui trace des signes au bleu de Prusse est remplacée par une pointe arrondie et dure qui, par sa seule pression, marque ces signes sur une bande de papier non préparée au prussiate de potasse. Le télégraphe au bleu de Prusse porte le nom de son inventeur, M. *Bain*, et je ne dois vous faire connaître ici que le principe sur lequel il est construit, sans décrire l'appareil, qui est assurément le plus ingénieux de tous ceux qui ont été imaginés jusqu'à présent, mais qui n'est pas encore d'un usage bien pratique.

Il n'a pas, comme celui de Morse, d'électro-aimant, et la pointe d'acier dont j'ai parlé plus haut n'est pas mobile dans cet appareil;

elle s'appuie *constamment* sur le papier, préparé au prussiate, qui se déroule en glissant sous son contact, mais elle ne *dépose* du bleu de Prusse sur ce papier, *qu'elle touche toujours*, que lorsque l'électricité y arrive de la station de départ. Si le fluide ne fait que paraître et disparaître aussitôt, il ne se forme qu'*un point bleu* sur le papier; si, au contraire, la présence de l'électricité se prolonge pendant que le papier se meut au contact de la pointe, c'est *une ligne bleue* qui se produit, et, comme vous le savez, les signes télégraphiques se composent de points et de lignes combinés ensemble de différentes manières.

L'appareil qui sert à transmettre la dépêche est trop compliqué pour que je vous le fasse connaître ici. Je dois vous dire seulement que la dépêche à envoyer doit être *préalablement* préparée sur une longue bande de papier, au moyen de lignes et de points *percés à jour* et destinés à être reproduits, par des points et des lignes au bleu de Prusse, sur le papier de la station d'arrivée.

Il existe des télégraphes qui impriment les dépêches en caractères typographiques, mais ces appareils ne sont pas d'un emploi assez facile pour qu'ils puissent servir habituellement; enfin, il y a des télégraphes à cadran alphabétique, et c'est un de ces télégraphes qui est employé sur tous nos chemins de fer. Je vais vous faire connaître ce dernier, parce que son mécanisme laisse facilement concevoir comment un signal, un chiffre ou un caractère désigné par un indicateur sur l'appareil de transmission à la station de départ, se produit instantanément, à l'autre extrémité de la ligne, sur l'appareil qui reçoit la dépêche.

Il faut encore ne pas oublier ici qu'un opérateur placé à Bayonne peut, au moyen d'une pile, produire et suspendre instantanément un effet mécanique à l'autre extrémité du fil conducteur, quelle que soit son étendue; qu'il peut y faire mouvoir, par exemple, un petit barreau de fer, et que, par conséquent, il lui est facile d'y faire avancer ou reculer un échappement en fer destiné à faire marcher régulièrement ou à arrêter un mouvement d'horlogerie qui, lui-même, peut faire sonner un timbre ou faire avancer d'un cran, à chaque oscillation, une roue ou un cadran denté, portant à sa circonférence les caractères dont se compose l'alphabet.

L'appareil de transmission employé par les compagnies de nos chemins de fer consiste en un cadran *fixe*, qui, au lieu d'être divisé en douze parties, comme celui d'une montre, est partagé par 26 rayons portant chacun à son extrémité l'une des 25 lettres de l'alphabet dans l'ordre régulier, et une *croix* indiquant le *repos* (fig. 15).

Au-dessus de chaque lettre, tracée sur la circonférence, se trouve une petite ouverture ménagée dans le bord du cadran.

Le cadran porte à son centre une aiguille, ou, pour mieux dire, une poignée mobile qui peut tourner de gauche à droite, sur son axe, comme la grande aiguille d'une montre, et au-dessous de son extrémité libre est fixée une petite cheville destinée à entrer dans chacune des ouvertures pratiquées auprès de chaque lettre, et à arrêter et à fixer cette poignée sur celle que l'on veut transmettre en la signalant ainsi. Cette poignée a deux mouvements distincts : l'un qui la laisse tourner de gauche à droite sur son axe, l'autre qui permet qu'on la soulève assez, à son extrémité, pour que la petite cheville puisse sortir de l'ouverture où elle était fixée et passer ensuite facilement au-dessus des lettres sur lesquelles elle n'a pas à s'arrêter. Le premier de ces mouvements est celui qui sert à faire arriver l'électricité de la pile sur le fil conducteur, et à l'empêcher ensuite d'y passer; le second n'a d'autre objet que de rendre le premier plus facile à exécuter.

L'axe de la poignée tourne librement au centre du cadran alphabétique fixe, dont il est absolument indépendant; mais cet axe est soudé à un second cadran mobile placé parallèlement *sous* le premier, et disposé de telle sorte qu'au moyen des parties *isolantes* et des parties *conductrices* dont il se compose, il communique d'une part au pôle positif de la pile, et de l'autre avec le fil conducteur; et, qu'en raison des mouvements qu'il fait lorsque la poignée l'entraîne, il laisse passer l'électricité de la pile sur le fil conducteur, et l'intercepte ensuite, en alternant toujours ainsi, chaque fois que la poignée à laquelle il adhère, comme une meule à sa manivelle, passe d'une lettre à l'autre sur le cadran fixe. Ainsi, par exemple, la poignée étant placée sur le signe de *repos* (fig. 15), l'électricité de la pile n'arrive pas au fil conducteur qui doit transmettre le mouvement, parce que, dans cette position, c'est une des parties *isolantes* du cadran mobile qui est en contact avec la pile; mais si la poignée est mise en mouvement, elle se porte nécessairement sur l'*a*, qui est la première lettre après le signe de repos (fig. 16), et dans cette nouvelle position le cadran inférieur, entraîné par la poignée, avance d'un cran, et l'une des parties conductrices de ce cadran étant en contact avec la pile, il s'établit une communication directe entre elle et le fil conducteur, et le courant s'élance sur ce fil; mais la poignée passant ensuite sur le *b*, le cadran inférieur avance encore d'un cran et le courant électrique est intercepté; elle passe sur le *c* et la communication est rétablie, puis sur le *d* et le courant est arrêté, et ainsi de suite pour toute la circonférence du cadran; mais quelle que soit la rapidité avec laquelle on fasse parcourir à cette poignée les 26 divisions dont se compose le cadran, le courant électrique de la pile s'élancera toujours sur le fil conducteur et sera intercepté alternativement chaque fois que la poignée mobile passera, dans sa course, d'une lettre du cadran à celle qui la suit.

Il sera facile de comprendre l'effet que produira à l'autre extrémité de la ligne conductrice l'intermittence du courant électrique qui s'y fera sentir instantanément, si l'on sait qu'il s'y trouve un cadran identique à celui qui existe à la station de départ, avec cette différence cependant que le cadran de réception tourne sur son axe au lieu d'être immobile; qu'il n'a pas de poignée à son centre, comme l'autre, et qu'un repère placé en dehors de la circonférence la remplace comme indicateur (fig. 17), de telle sorte que, pendant que la poignée mobile de la station de départ s'arrête et se fixe sur la lettre que l'on veut transmettre, c'est cette même lettre du cadran mobile qui vient s'arrêter et se fixer sous le repère de la station d'arrivée.

Le mécanisme de l'appareil *récepteur* (fig. 17) est facile à comprendre; il consiste en un mouvement d'horlogerie qui fait tourner sur son axe le cadran alphabétique, lorsqu'un petit échappement en fer ne le maintient pas en repos; et ce repos s'établit dès que l'électricité est interceptée par la station de départ; mais si le courant arrive au récepteur, la bobine métallique qui s'y trouve y devient un aimant qui attire à lui et déplace l'échappement en fer (fig. 18); cet échappement ne retient plus le cadran, et celui-ci pouvant obéir alors au ressort ou au poids qui agit sur lui, décrit un mouvement de rotation sur son axe, et par suite d'une disposition particulière de l'échappement, ce cadran ne peut avancer que d'un cran ou *d'une lettre* chaque fois que l'échappement est attiré par l'aimant ou qu'il est abandonné à lui-même.

Supposons donc que la poignée mobile du cadran fixe, à la station de départ (fig. 15), et le cadran mobile à celle d'arrivée (fig. 17) indiquent l'un et l'autre le signal de repos, et il doit toujours en être ainsi lorsque le télégraphe ne fonctionne pas, et supposons encore que la station de départ soit chargée de transmettre le mot *bon* à l'autre extrémité de la ligne. Le timbre de la station d'arrivée ayant été sonné par la station de départ, ou, ce qui revient au même, un signal d'attention ayant été donné, tout sera préparé de part et d'autre, à la station de départ pour envoyer la dépêche, et à celle d'arrivée pour la recevoir.

A la station de départ (fig. 15), le pôle négatif de la pile sera mis en communication avec la terre, et le pôle positif sera mis en contact avec le fil conducteur, en traversant, bien entendu, l'appareil qui sert à transmettre les dépêches, puisque c'est avec cet appareil que l'on peut arrêter le courant ou lui permettre de passer pour aller reproduire à l'autre extrémité de la ligne les signaux télégraphiques sur le récepteur.

A la station d'arrivée (fig. 17), la pile ne jouera aucun rôle dans cette circonstance, et toute communication de l'un de ses pôles avec le fil conducteur sera interrompue; mais l'extrémité de ce fil sera plongée en terre après avoir traversé l'appareil qui reçoit la dépêche, et sur lequel par conséquent doivent paraître les signaux.

Il résulte de cette disposition que le courant électrique sortira de la station de départ par le pôle positif de la pile; qu'il traversera l'appareil de transmission qui sert à le laisser passer ou à l'intercepter; que, si le passage lui est ouvert, il suivra le fil conducteur qui va jusqu'à la station d'arrivée; que là il traversera l'appareil sur lequel il doit agir et qu'il ira ensuite plonger dans la terre pour revenir, *par-dessous terre*, remonter par le fil négatif dans la pile de la station d'où il était parti, et recommencer sans cesse le même circuit chaque fois qu'on jugera nécessaire de faire passer le courant pour transmettre un signal.

Transportons-nous maintenant à la station de départ (fig. 15), et saisissant la poignée du cadran alphabétique, faisons-lui quitter sa position de repos pour aller *l'arrêter* et la fixer sur le *b*, qui est la première lettre du mot *bon* que nous avons à transmettre. L'extrémité de la poignée passera d'abord sur la lettre *a* (fig. 16), qui suit immédiatement le signe de repos, l'électricité s'élancera sur le fil conducteur et rendra magnétique à la station d'arrivée une bobine métallique qui, attirant à elle l'échappement, dégagera le cadran alphabétique, et celui-ci, obéissant à la force impulsive qui agit sur lui, avancera d'un cran ou d'une lettre, de telle sorte que le signal de repos de ce cadran quittera sa position sous le repère et y sera remplacé momentanément par la lettre *a* qui le suit immédiatement (fig. 18); mais au même instant la poignée du cadran de départ passera sur le *b* qui suit la lettre *a*, et comme ce *b* est la première lettre du mot *bon*, que l'on transmet, l'agent télégraphique *arrêtera* un instant sur lui la poignée mobile en *fixant* la cheville qu'elle porte dans l'ouverture qui correspond à cette lettre. Or, en arrivant sur le *b*, la poignée aura placé le cadran inférieur dont elle est la manivelle, de manière qu'il intercepte le courant électrique; le fer doux de la station d'arrivée perdra immédiatement sa puissance magnétique, l'échappement n'étant plus soutenu par l'aimant retombera sur la denture du cadran mobile et le forcera, par ce mouvement, combiné avec sa forme spéciale, à avancer encore d'un *cran*, la lettre *a* s'éloignera donc du repère, et ce sera la lettre *b* qui viendra la remplacer sous lui; et comme elle sera maintenue dans cette position pendant quelques secondes, on la notera comme étant la première du mot que l'on attend. La poignée de transmission sera remise ensuite en mouvement et passera successivement, et sans s'arrêter, sur les lettres *c*, *d*, *e*, *f*, *g*, *h*, *i*, *j*, *k*, *l*, *m* et *n* pour se *fixer* sur l'*o*; mais en même temps, ce qui s'est produit pour l'*a* se renouvellera pour chacune des lettres intermédiaires qui se trouvent entre le *b* et l'*o*; le cadran mobile de la station d'arrivée avancera d'*un* cran pour *chacune* de ces lettres, et lorsque la poignée s'arrêtera sur la lettre *o*, à la station de départ, ce sera cette même lettre *o* du cadran mobile de la station d'arrivée qui se placera et *restera* sous le repère fixe. La poignée quittera ensuite la lettre *o* pour aller s'arrêter sur l'*n*, et passera enfin au signal de *repos* pour indiquer que le mot est terminé.

En résumé, chaque lettre du cadran fixe, sur laquelle on arrêtera un instant la poignée de l'expéditeur à la station de départ, se trouvera amenée et arrêtée un instant sous le repère fixe, par le cadran mobile de la station d'arrivée, et nous venons de voir par quel moyen.

La personne qui écrit *montre* donc instantanément à celle avec laquelle elle correspond, et quelle que soit la distance qui les sépare, les lettres et les mots qu'elle veut lui faire parvenir.

La poignée mobile ne peut tourner que dans un sens, et si l'on avait à transmettre la lettre *a*, après la lettre *b*, par exemple, il faudrait signaler le *b* par un temps d'arrêt et faire parcourir à la poignée tout le tour du cadran pour la fixer sur la lettre *a*, et la *désigner* ainsi comme lettre à recevoir.

L'appareil électrique dont l'État se sert en France, mais qu'il abandonne progressivement pour adopter celui de *Morse*, est basé sur le même principe que le télégraphe à cadran dont je viens de vous parler; c'est encore un mouvement d'horlogerie qu'un échappement arrête et fait mouvoir à la station d'arrivée, lorsque l'électricité y est envoyée par la station de départ, mais l'appareil est double et se compose de deux aiguilles indépendantes l'une de l'autre, tournant chacune sur son axe et reproduisant, par la combinaison des huit positions qu'elles peuvent prendre séparément, une partie des figures de l'ancien télégraphe aérien.

Le télégraphe des frères *Chappe* se composait de trois pièces distinctes, l'une, assez grande, qui se nommait le *régulateur*, et les deux autres, plus petites, qui portaient le nom d'*indicateurs*. Toutes les trois étaient mobiles; mais dans le télégraphe électrique français, on a supprimé le régulateur, et il n'est figuré sur le cadran des appareils récepteurs que par une ligne horizontale sans action. Quant aux deux indicateurs, ils sont représentés par deux petites aiguilles tournant sur leur axe, et chacun de ces axes étant placé à l'une des extrémités de la ligne horizontale figurant le régulateur, les aiguilles peuvent reproduire, par la combinaison de leurs positions, tous les signes du télégraphe aérien dans lesquels le régulateur conservait sa position horizontale.

Chacune des deux aiguilles a son mouvement d'horlogerie à échappement et son fil conducteur. Ce sont donc deux télégraphes complets réunis dans un même appareil et se combinant ensemble pour n'en former qu'un seul.

La transmission des signes est absolument identique à celle des lettres du télégraphe à cadran, avec cette différence que si la poignée mobile de ce dernier peut s'arrêter, en tournant de gauche à droite, sur chacune des lettres de l'alphabet et sur le signe de repos, c'est-à-dire sur 26 divisions, chacun des petits indicateurs ne peut s'arrêter, en tournant également de gauche à droite, que sur les huit positions qu'il peut prendre, savoir : deux perpendiculaires, l'une tournée vers le ciel, l'autre vers la terre; deux horizontales et quatre diagonales.

Ces petits indicateurs, qui appartiennent à l'appareil qui reçoit la dépêche, sont représentés sur celui qui sert à la transmettre, et que je n'ai pas à décrire ici, par deux poignées placées, comme les indicateurs, aux extrémités d'une ligne fictive horizontale, et on peut donner à ces deux poignées les huit positions dont j'ai parlé plus haut.

Il va sans dire que, lorsqu'à la station de départ on place et on fixe les deux poignées dans l'une des positions qui forment un signal, les deux petits indicateurs de la station d'arrivée s'y placent et s'y fixent aussi dans une position toute semblable, car vous aurez sans doute remarqué qu'il faut toujours *composer*, sur l'appareil transmetteur, le signal qui doit se reproduire à la station d'arrivée.

Le télégraphe à cadran transmet des lettres, celui de l'État transmet des signes, mais dans l'un et dans l'autre on se sert absolument des mêmes procédés pour effectuer cette transmission.

C'est toujours un mouvement d'horlogerie, un cadran denté et un échappement qu'un électro-aimant attire ou laisse retomber, selon qu'il reçoit ou non le courant électrique de la station de départ, qui servent à reproduire, à la station d'arrivée, les lettres ou les signes que l'on indique ou que l'on forme à la station de départ.

La France, la Belgique, la Prusse, la Saxe, la Hollande, l'Autriche, la Bavière, l'Angleterre, l'Amérique, etc., se servent d'appareils différents pour transmettre leurs dépêches, et il résulte de là l'impossibilité pour deux puissances de correspondre *instantanément* l'une avec l'autre; car pour écrire de Paris à Amsterdam, par exemple, il faut que les signaux français soient convertis en signaux belges à la frontière de Belgique, pour traverser ce pays, puis en signaux hollandais pour arriver à leur destination, et de là des retards qu'il serait si utile d'éviter.

Il faudra donc remédier à cet inconvénient. Déjà, lorsque j'ai présidé à Paris la commission mixte chargée de poser les bases d'un traité de télégraphie internationale, j'ai demandé et obtenu qu'on insérât dans le traité un article par lequel les hautes parties contractantes s'engageaient à faire tous leurs efforts pour que l'on adoptât un jour, sur tout le réseau télégraphique dont l'union austro-germanique fait partie, l'appareil que l'expérience aurait fait reconnaître comme le plus simple et le plus utile à employer. Ne doit-on pas en venir un jour à pouvoir correspondre *directement, instantanément* et *sans intermédiaire* entre Paris et Pétersbourg, entre Londres, Constantinople ou Calcutta? Mais il faudrait pour cela qu'un seul et même appareil fût adopté par toutes les puissances pour la correspondance internationale, et qu'il fût possible, lorsque le service l'exigerait, de réunir bout à bout les fils conducteurs à chaque frontière pour ne former qu'une seule ligne électrique depuis la station de départ jusqu'à celle d'arrivée. Pourra-t-on réaliser un tel projet? Je le désire vivement; mais chaque nation ne sera-t-elle pas portée à considérer l'appareil qu'elle emploie et auquel elle est accoutumée, comme le meilleur et le plus facile à manœuvrer? N'y aura-t-il pas toujours en jeu une question d'amour-propre, et ces questions ne sont-elles pas les plus difficiles à résoudre? S'il en était ainsi, pourquoi le *sort* ne prononcerait-il pas entre les divers appareils dont l'usage a déjà consacré l'efficacité? et que d'influences intéressées ne faudrait-il pas combattre encore!... N'importe, l'idée a sa valeur et il faut la lancer sur tous les *fils*.... peut-être arrivera-t-elle ainsi! Pourquoi d'ailleurs chaque puissance ne conserverait-elle pas pour sa correspondance intérieure l'appareil qui lui convient le mieux, et n'aurait-elle pas en même temps dans ses stations frontières, et au siége de son gouvernement, un télégraphe international adopté d'un commun accord et disposé de manière à pouvoir être mis séparément en communication avec le fil conducteur lorsque le service l'exigerait?

Déjà, si je suis bien informé, les puissances qui ont adhéré aux conventions de l'union télégraphique allemande, ont consenti à adopter l'appareil américain de *Morse* pour leurs communications internationales. C'est un pas immense de fait, et il me semble que le choix de cet appareil présente des avantages incontestables; il est facile à manœuvrer, et les signes qu'il produit ne dépendent pas les uns des autres comme dans les télégraphes à échappement. La transmission de chaque dépêche laisse aussi dans la station d'arrivée des caractères *écrits* que l'expéditeur a *tracés lui-même*. On peut donc ainsi remonter toujours à la source des erreurs qui auraient été commises, et reconnaître d'où elles peuvent provenir.

Je vous ai déjà parlé du télégraphe Morse, mais comme il est appelé peut-être à devenir le télégraphe universel, je veux encore vous en rappeler le mécanisme.

A la station d'arrivée se trouve un électro-aimant, inerte ou actif, en raison du courant électrique qui arrive jusqu'à lui, ou qui est intercepté, et cet aimant peut ainsi attirer à lui ou abandonner une pointe dure *sous* laquelle un mouvement d'horlogerie fait dérouler un long ruban de papier qui passe entre un rouleau sur lequel il s'appuie et la pointe qui ne le touche pas (fig. 13).

Un appareil électrique, placé à la station de départ, permet de rendre magnétique à volonté l'électro-aimant de la station d'arrivée, et d'y faire abaisser la pointe dure sur le papier qui se déroule sous elle. L'opérateur de la station de départ peut donc faire tracer à cette pointe de la station d'arrivée une série de points et de lignes dont les combinaisons forment un alphabet.

Lorsque la dépêche est écrite, ou pour mieux dire *marquée*, la station d'arrivée la traduit, l'envoie à qui de droit, et conserve dans ses archives le rouleau de papier sur lequel l'expéditeur a *tracé lui-même* les caractères qui la composent.

En résumé, madame, et en revenant sur tout ce que je viens de vous exposer, si un fil métallique est tendu d'un bout du monde à l'autre, ou pour mieux préciser ce que je vais vous dire, si ce fil réunit Paris et Moscou, par exemple, un opérateur placé à l'une des extrémités de ce fil et muni des appareils dont je vous ai parlé, pourra, à l'aide d'une forte batterie, faire passer un courant électrique sur toute la longueur de ce fil, et interrompre ce courant à volonté.

Aucun espace de temps, appréciable à nos organes, ne s'écoulera entre le moment où le courant électrique sera *jeté* à Paris sur le fil conducteur, et celui où ce courant manifestera sa présence à Moscou.

Si, volontairement ou par accident, il se produit une solution de continuité sur un point quelconque de cette immense ligne métallique, elle cessera immédiatement de donner le moindre signe d'électricité sur toute sa longueur.

Pour que le courant électrique circule de Paris à Moscou, il faut que le pôle négatif de la pile de Paris s'enfonce dans le sol, et que le pôle positif, prolongé par le fil conducteur isolé jusqu'à Moscou, plonge en terre dans cette dernière ville.

Le courant électrique partira alors de Paris par le fil conducteur, arrivera à Moscou, s'y enfoncera dans la terre, et reviendra à Paris par cette voie.

Un appareil construit pour transmettre les signaux convenus sera placé à Paris, et un appareil destiné à les recevoir se trouvera à Moscou.

L'un et l'autre de ces appareils seront, dans leurs stations respectives, *traversés* par le courant électrique, et les signaux formés sur le premier par la main de l'opérateur de Paris se reproduiront immédiatement à Moscou sur l'appareil de réception.

L'opérateur qui est à Paris pourra instantanément :

Faire sonner un timbre placé à Moscou;

Y faire dévier, à droite ou à gauche, et autant de fois qu'il le voudra, une ou plusieurs aiguilles de fer aimantées;

Y développer dans une bobine métallique une force magnétique capable d'imprimer de brusques mouvements à de petits leviers de fer;

Il pourra, étant à Paris, *dessiner* sur un papier qui sera à Moscou une suite de points et de lignes formant un alphabet, et nul doute qu'il ne lui soit possible, un jour, d'y *écrire* une lettre ou d'y tracer un paysage ou un portrait!

Il pourra, étant à Paris, faire tourner sur son axe, à Moscou, un cadran alphabétique et l'arrêter lorsque la lettre qu'il aura voulu transmettre dans cette ville y sera placée dans une position déterminée.

Il pourra y faire mouvoir les ailes, les *indicateurs* d'un petit télégraphe en miniature, auquel il fera reproduire les signes de l'ancien système aérien, et, il ne faut pas l'oublier, aucun laps de temps, appréciable à nos organes, ne s'écoulera entre le moment où les signaux seront faits à Paris et celui où ils se reproduiront à Moscou.

J'ai souligné le mot *dessiner*, parce que je ne doute pas qu'un artiste ne puisse un jour, sans quitter Paris, faire arriver jusqu'à Moscou la pointe obéissante de son crayon.... ou y faire vibrer peut-être les cordes d'un piano!... Ne riez pas, madame, et permettez-moi de finir cette trop longue lettre par le récit de l'une de mes plus intéressantes courses dans Paris.

Une voiture conduisait un jour trois personnes chez Froment, l'habile constructeur de nos instruments de précision; les deux personnes que j'accompagnais dans cette visite se nommaient *Thalberg* et *Lardner!* Je n'ai rien à ajouter à leur nom! Arrivés dans le cabinet du maître, et après avoir admiré les merveilles qu'il y fait naître, Froment a présenté au célèbre artiste un morceau de planche sur lequel était fixé un tout petit clavier!... Thalberg s'est assis, a mis la planche sur ses genoux; deux fils mystérieux ont été attachés aux extrémités de cette planche, et, sans craindre d'être indiscret, le maître de ces fils a prié Thalberg de vouloir bien essayer ce nouvel instrument! Thalberg s'est recueilli, un sourire a passé sur ses lèvres, ses mains ont parcouru le clavier, et, au même instant, nous avons entendu dans l'une des pièces les plus éloignées de celle où nous étions,... non pas la sublime prière de Moïse,... mais l'air si connu du *bon tabac dans la tabatière*, qu'un abominable *carillon* répétait en obéissant aux doigts du grand artiste!

Remplacez ces timbres par un piano électrique, comme Froment pourrait le faire, et la planche à clavier par un appareil analogue, et, si vous songez que, pour l'électricité, il n'y a pas plus loin de Paris à Moscou que du bout d'un appartement à l'autre, dites-moi s'il ne serait pas possible que Thalberg, sans quitter son cabinet d'études de Paris, se fît entendre, et par conséquent admirer et applaudir dans les salles du Kremlin?

J'ai tracé à la plume quelques figures qui serviront peut-être à rendre mes explications plus faciles à saisir; mais ces figures ne sont pas la reproduction exacte des appareils employés sur les lignes télégraphiques. J'ai voulu seulement indiquer les formes les plus simples des instruments qui permettraient aux phénomènes électro-télégraphiques de se manifester. Je n'ai même pas observé les proportions que les diverses parties de ces instruments devraient avoir entre elles. Ce n'est que le principe que j'ai voulu montrer, et non les applications ingénieuses qu'on en a faites pour faciliter les moyens de transmission employés jusqu'à présent.

Me voici, madame, à la fin de ma lettre, et j'ai fait tout ce qui dépendait de moi pour me rendre au désir que vous m'avez exprimé. Vous m'avez prescrit de vous parler d'électricité le plus *simplement du monde et sans faire jaillir trop d'étincelles*; vous verrez, madame, que vous avez été facilement obéie, et malheureusement, je n'ai pas à me faire un mérite de ma soumission à vos ordres. Mais si j'ai pu au moins faire apparaître quelques *lueurs* pour vous, ne me le laissez pas ignorer. Dites-moi si vous comprenez maintenant *« comment « deux personnes peuvent correspondre ainsi au moyen d'un fil de fer, « et comment une dépêche est transmise par ce même fil! »*

Je désire vivement savoir si j'ai répondu à ce que vous attendiez de moi, et s'il est vrai, comme on le dit, que l'on fait toujours bien ce que l'on fait avec plaisir.

Veuillez agréer, madame, les nouvelles assurances de mes sentiments aussi dévoués que respectueux.

BIBLIOTHÈQUE IMPÉRIALE IMPR.

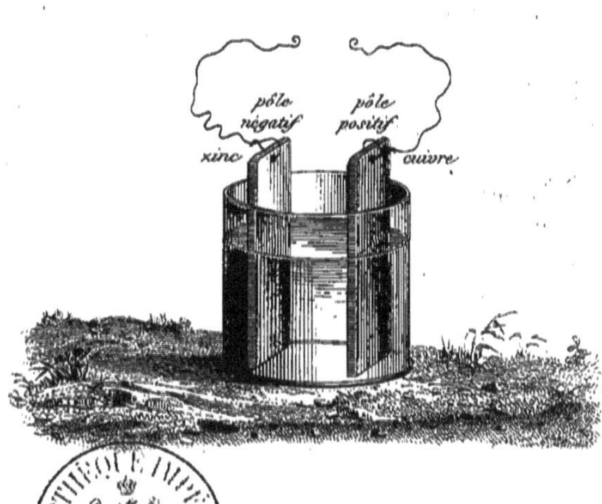

BIBLIOTHÈQUE IMPÉRIALE

FIGURE 1.

Pile dans laquelle l'électricité ne se dégage pas, parce qu'il n'existe aucune communication entre la plaque de cuivre et celle de zinc, c'est-à-dire entre le pôle positif et le pôle négatif.

Bon Gros del. Gravé par J. Petitcolin & L. Chaumont.

Fig. 2.

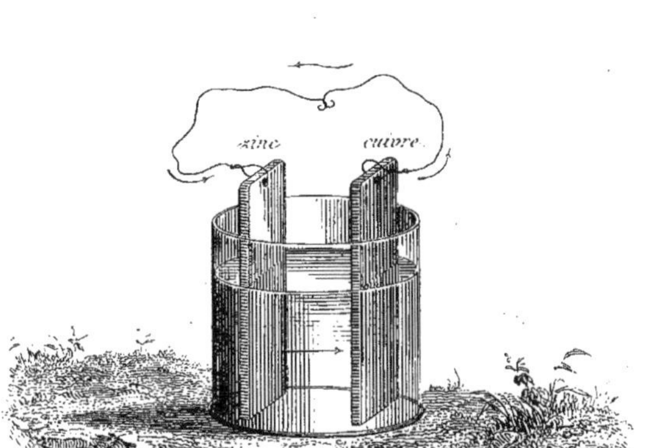

BIBLIOTHÈQUE IMPÉRIALE
IMPR.

FIGURE 2.

Pile dans laquelle l'électricité circule d'un pôle à l'autre, parce que la communication est établie entre eux au moyen de fils métalliques.

Bon Gros del. — Gravé par J. Pelicot et L. Chaumont

Fig. 3.

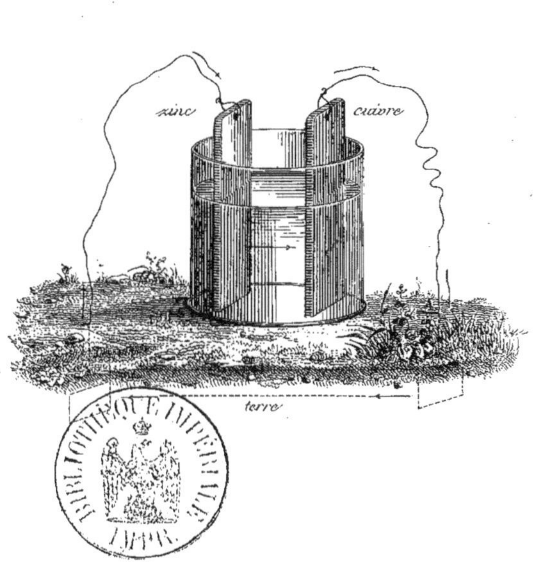

BIBLIOTHÈQUE IMPÉRIALE
IMPR.

FIGURE 3.

Pile dans laquelle l'électricité circule d'un pôle à l'autre, parce que la communication entre la plaque de zinc et celle de cuivre est établie par le sol dans lequel plongent les deux fils conducteurs.

Gravé par J. Petitcolin et L. Chaumont.

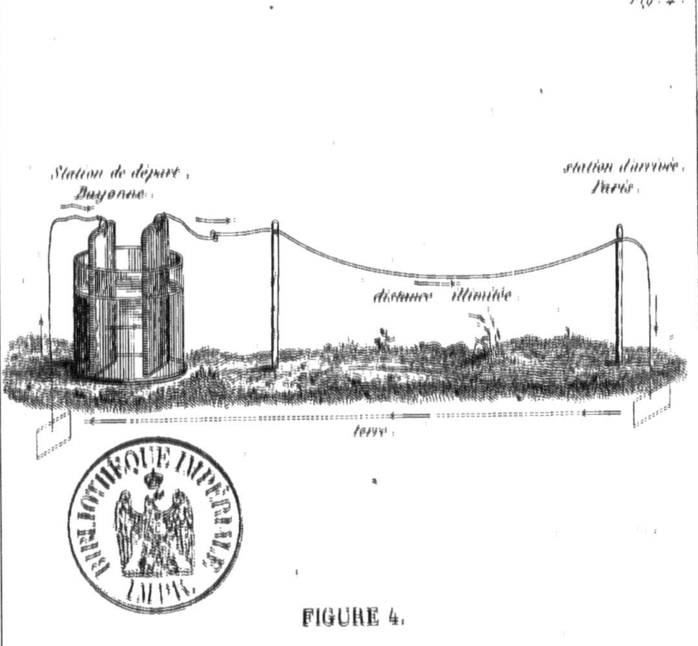

BIBLIOTHÈQUE IMPÉRIALE
IMPR.

FIGURE 4.

Pile de la station de départ envoyant, par le fil conducteur, de l'électricité à sa station d'arrivée, d'où elle revient par le sol.

Fig. 5

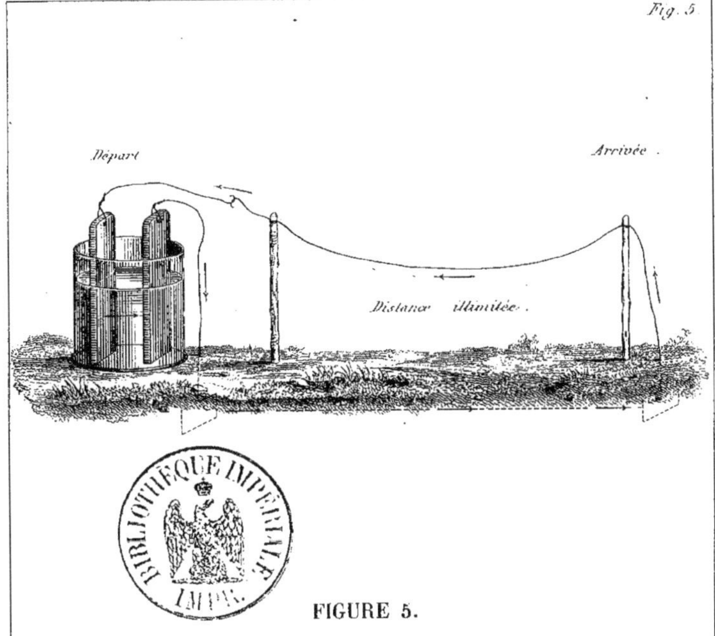

BIBLIOTHÈQUE IMPÉRIALE IMPR.

FIGURE 5.

Pile de la station de départ envoyant, par le sol, de l'électricité à la station d'arrivée, d'où le fluide revient par le fil conducteur.

Bon Gros del.

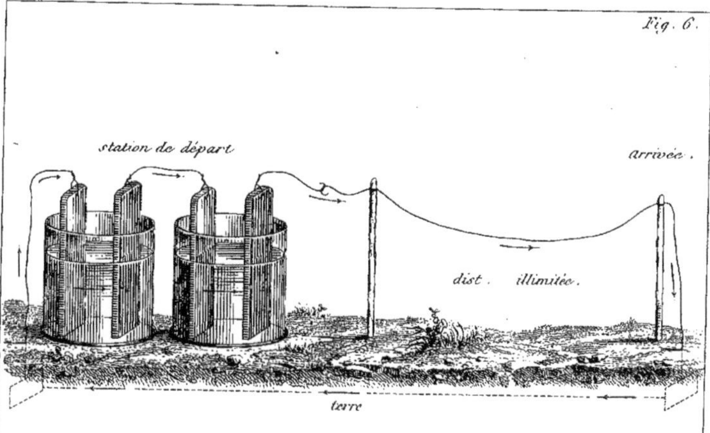

BIBLIOTHÈQUE IMPÉRIALE
IMPR.

FIGURE 6.

Deux piles réunies formant une batterie. Chaque pile devient un élément de la batterie.

Le nombre d'éléments est illimité.

Bon Gros del.

Gravé par J. Petitcolin et L. Chaumont.

Fig. 7.

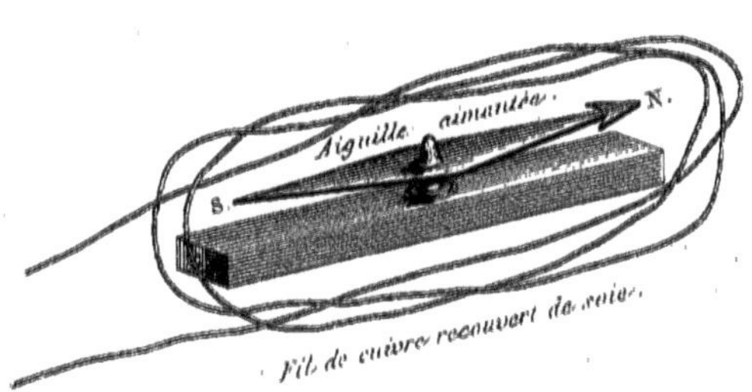

BIBLIOTHÈQUE IMPÉRIALE
IMPR.

FIGURE 7.

Aiguille aimantée orientée nord et sud, entourée parallèlement à sa longueur par un fil de cuivre recouvert de soie: l'électricité ne circulant pas dans ce fil, l'aiguille conserve sa position normale.

Bʳ Gros del.

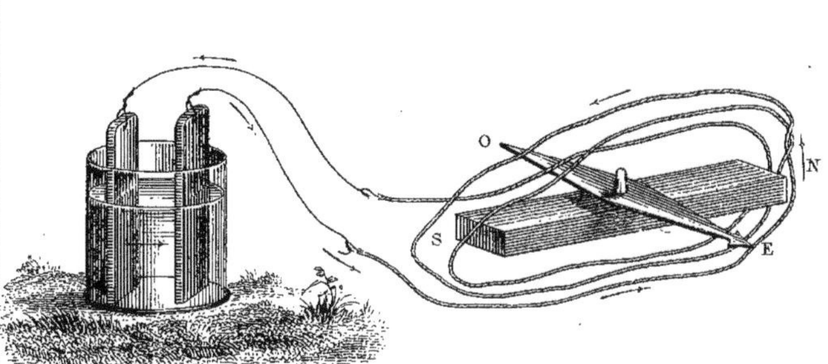

BIBLIOTHÈQUE IMPÉRIALE
IMPR.

FIGURE 8.

L'électricité d'une pile circulant dans le fil de cuivre qui entoure une aiguille aimantée, celle-ci prend une position qui coupe à angle droit celle qu'elle avait auparavant.

Bon Gros del. Gravé par J. Petitcolin et L. Chaumont.

Fig. 9.

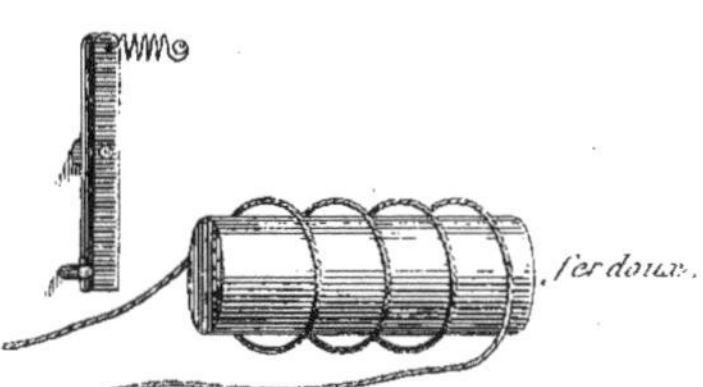

BIBLIOTHÈQUE IMPÉRIALE
IMPR.

FIGURE 9.

Cylindre de fer doux entouré par un fil de cuivre isolé. L'électricité ne circulant pas dans le fil de cuivre, le fer demeure inerte, et laisse immobile la petite barre d'acier qu'un ressort maintient dans la position perpendiculaire.

Fig. 11.

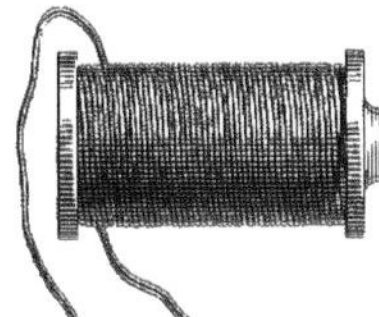

FIGURE 11.

Bobine électro-magnétique, cylindre de fer doux enveloppé par les nombreuses spirales d'un fil de cuivre recouvert de soie.

H^me Giret del.

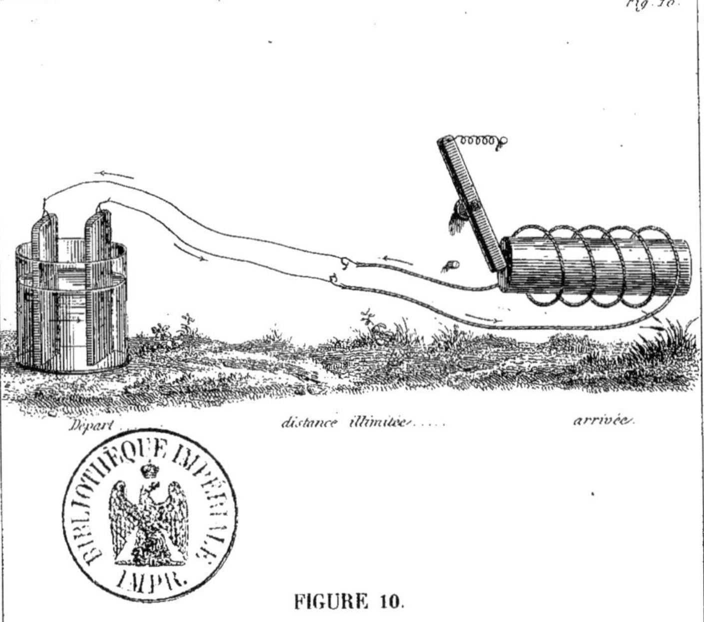

BIBLIOTHÈQUE IMPÉRIALE
IMPR.

FIGURE 10.

L'électricité d'une pile circulant dans le fil de cuivre qui entoure le fer doux, celui-ci devient magnétique et attire à lui la petite barre d'acier.

Bon Gros del. Gravé par J. Petitcolin et L. Chaumont.

Fig. 12.

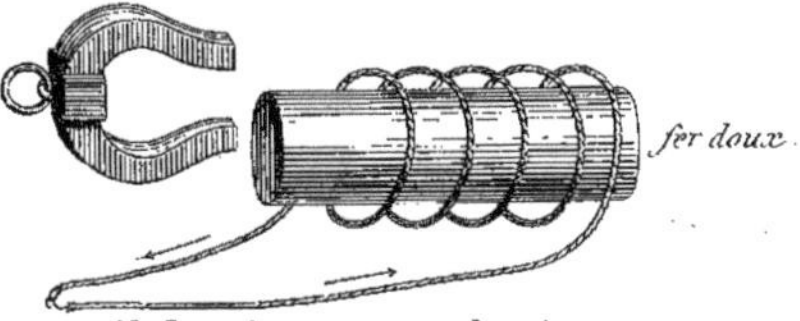

BIBLIOTHÈQUE IMPÉRIALE IMPR.

FIGURE 12.

Fer doux entouré par un fil de cuivre isolé. Au moment où un aimant permanent s'approche du fer, un courant d'électricité circule dans le fil de cuivre, le courant cesse dès que l'aimant est immobile, mais il circule, et en sens inverse, au moment où l'aimant s'éloigne du fer doux.

Bon Gros del.

Fig. 13.

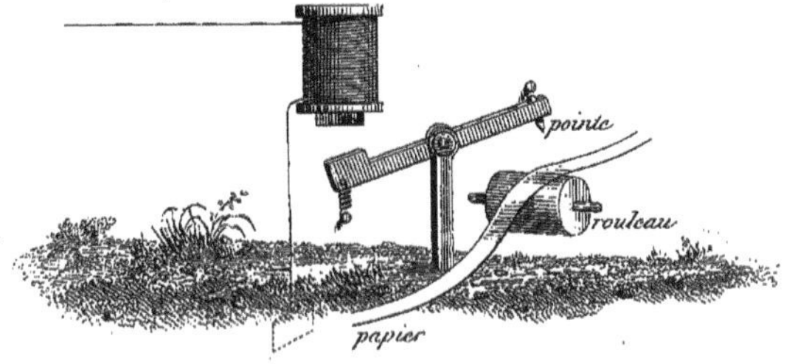

BIBLIOTHÈQUE IMPÉRIALE IMPR.

FIGURE 16.

Même figure que la précédente, mais dans laquelle la poignée, ayant été portée du repos à la lettre **A**, a entraîné le cadran inférieur et l'a fait avancer d'un cran, de telle sorte que c'est une zone conductrice qui se trouve en contact avec la pile, et que l'électricité passe pour aller produire un effet mécanique à la station d'arrivée.

Aime Gros del.

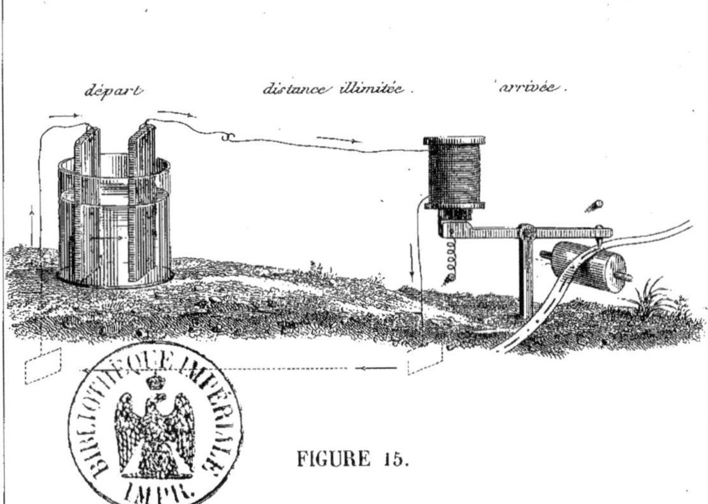

BIBLIOTHÈQUE IMPÉRIALE IMPR.

FIGURE 15.

Mécanisme servant à faire comprendre l'appareil transmetteur des télégraphes à cadran. Pile dont le pôle positif est en contact avec le cadran mobile que la poignée entraîne; l'électricité ne passe pas, parce que la zone blanche du cadran en contact avec la pile est isolante. La poignée est fixée sur le signe de repos, le cadran alphabétique n'est pas dessiné en entier pour laisser voir le jeu du cadran mobile.

B

Bon Gros del.

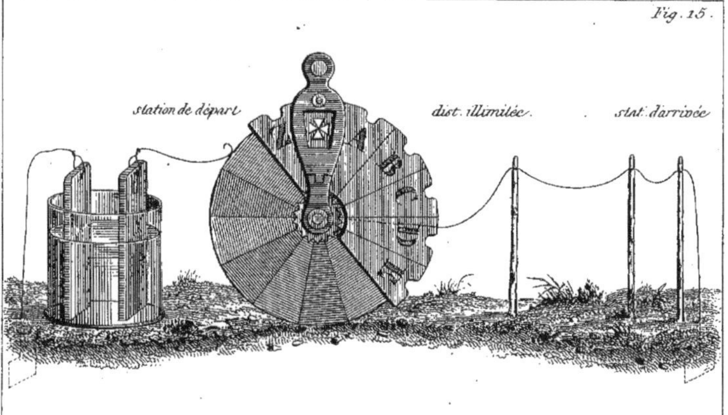

BIBLIOTHÈQUE IMPÉRIALE
IMPR.

FIGURE 14.

Récepteur du télégraphe Morse recevant l'électricité de la station de départ, la bobine devient un aimant qui attire le levier de fer, et force ainsi la pointe à peser sur le papier, où elle trace des lignes et des points.

Bon Gros del.

Gravé par J. Petitcolin et L. Chaumont.

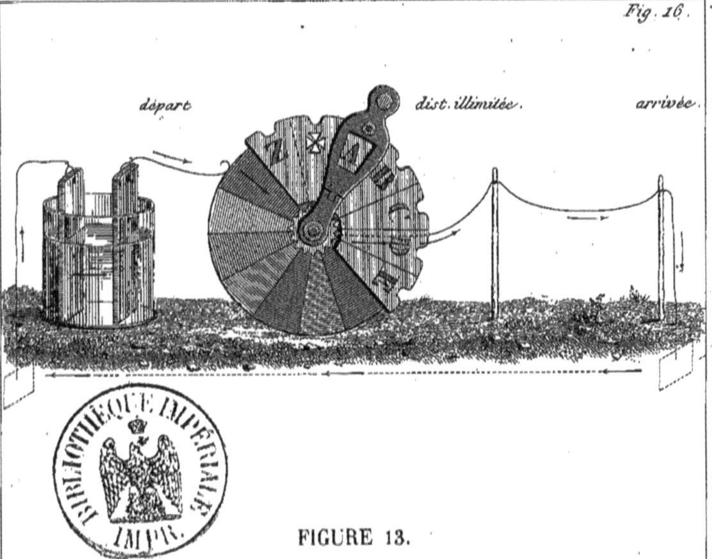

BIBLIOTHÈQUE IMPÉRIALE
IMPR.

FIGURE 13.

Partie de l'appareil récepteur du télégraphe Morse, rouleau sur lequel un ruban de papier s'appuie en avançant. Pointe dure qui ne touche pas le papier, parce que la bobine, ne recevant pas l'électricité de la station de départ, n'est pas magnétique et n'attire pas à elle le levier de fer qui porte cette pointe.

Bᵉⁿ Gros del.

BIBLIOTHÈQUE IMPÉRIALE IMPR.

FIGURE 17.

Mécanisme servant à expliquer l'appareil récepteur des télégraphes à cadran. Bobine électro-magnétique ; inerte parce que l'électricité de la station de départ ne circule pas autour d'elle, échappement à ancre arrêtant le cadran alphabétique denté qu'un mouvement d'horlogerie tend à faire tourner de droite à gauche.

Mme Gros del. — Gravé par J. Petitcolin et L. Chaumont.

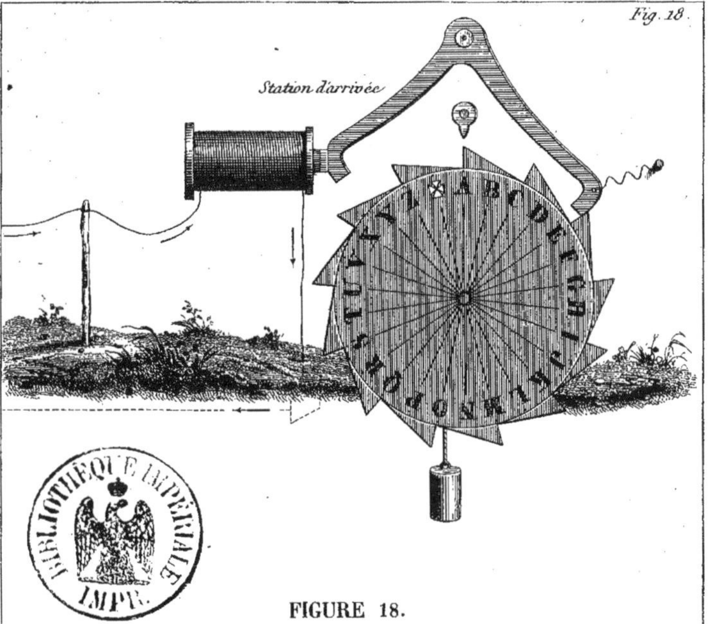

BIBLIOTHÈQUE IMPÉRIALE
IMPR.

FIGURE 18.

Même figure que la précédente, mais dans laquelle circule le courant électrique de la station de départ. L'échappement a été attiré par la bobine devenue magnétique, le cadran a avancé d'un cran, et la lettre A a remplacé le signe de repos sous le repère.

La figure 15 peut être réunie à la figure 17, l'une représente la station de départ et l'autre celle d'arrivée, il en sera de même des figures 16 et 18.

Bon Gros del.

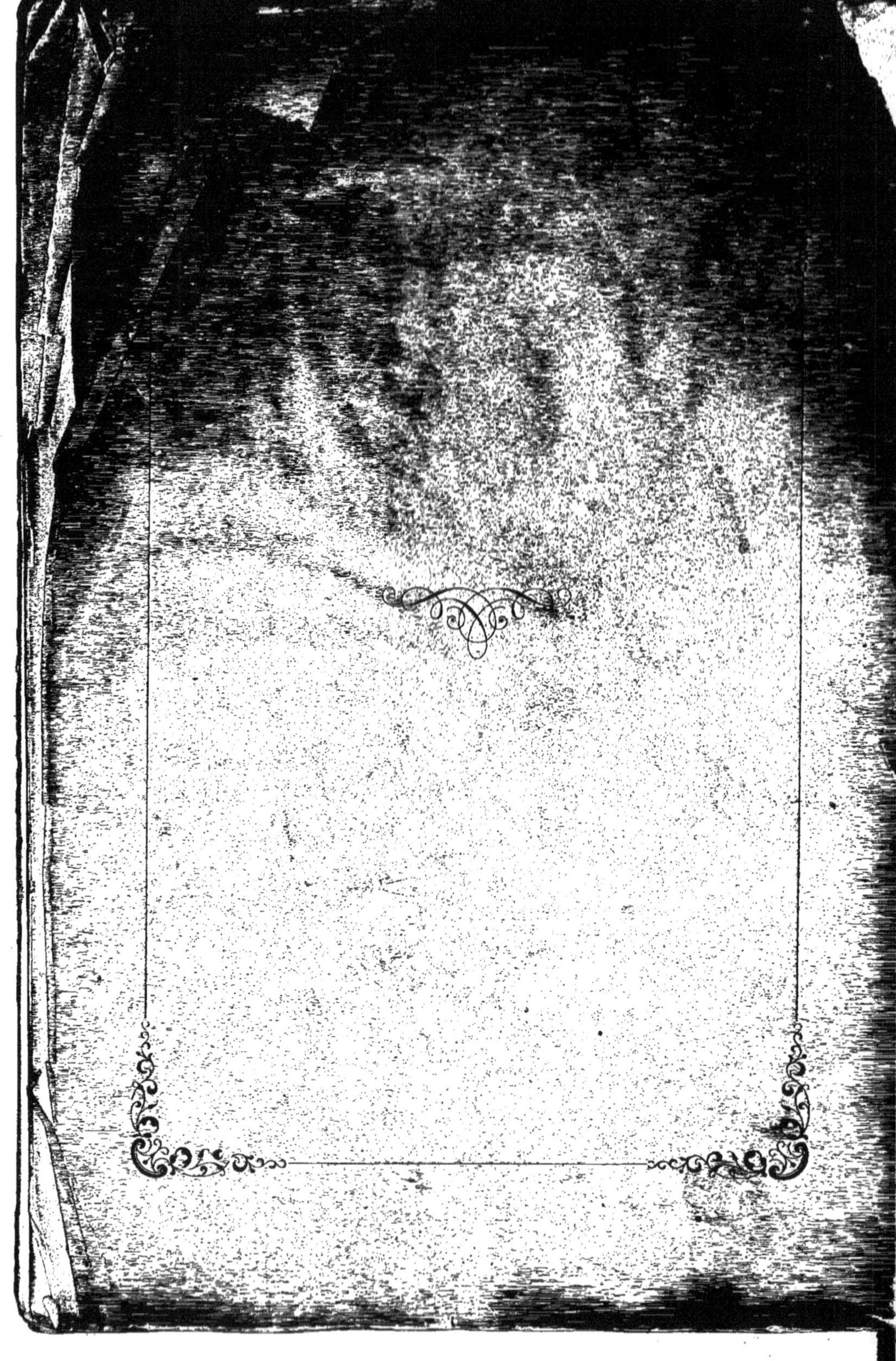

www.ingramcontent.com/pod-product-compliance
Ingram Content Group UK Ltd.
Pitfield, Milton Keynes, MK11 3LW, UK
UKHW020209200726
13856UKWH00004B/1268